中國海洋夢

寶船沉海

鍾林姣 ◎編著

朱士芳 ◎繪

中華教育

在廣東海上絲綢之路博物館裏保存着這樣一艘古船——在它剛被發現時，時任中國歷史博物館館長的俞偉超認為「這是國內發現的第一個沉船遺址，它意味了一個開始」。因此，提出將它取名為「南海Ⅰ號」。

　　「南海 I 號」造於南宋，是迄今為止世界上發現的海上沉船中年代最早、船體最大、保存最完整的遠洋貿易商船。

「南海 I 號」的發現充滿了戲劇性。在 1987 年 8 月，中英聯合打撈隊合作在廣東省南海海域附近搜尋一艘東印度公司的沉船「萊茵堡號」時，偶然在上下川島海域，撈起了金、銀、鐵、瓷類等百餘件文物。

在海底沉睡了八百多年的「南海Ⅰ號」
終於被發現了。

為了保護這艘暫時無法打撈的古船，當地的邊防官兵編了一個善意的故事：川島海域的沉船點有二戰時期的炸彈，千萬不能去那裏打魚。

這是因為當時中國的水下考古處於起步階段，
技術、資金不足，根本無法進行打撈。

　　直到2007年12月22日，經過周密的計劃和準備，通過精確定位並對船體尺寸進行精確測量，利用沉箱技術，「南海I號」被整體打撈出水，並住進了專門為它建造的「水晶宮」。

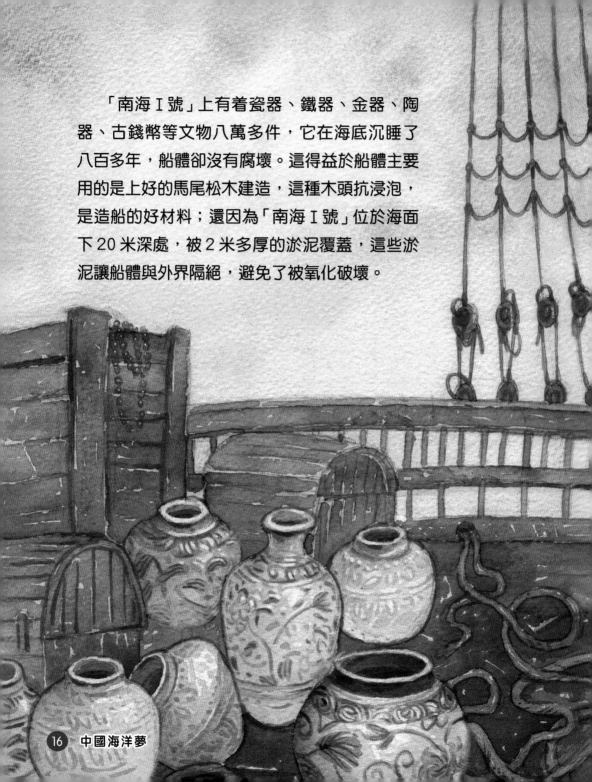

　　「南海Ⅰ號」上有着瓷器、鐵器、金器、陶器、古錢幣等文物八萬多件，它在海底沉睡了八百多年，船體卻沒有腐壞。這得益於船體主要用的是上好的馬尾松木建造，這種木頭抗浸泡，是造船的好材料；還因為「南海Ⅰ號」位於海面下 20 米深處，被 2 米多厚的淤泥覆蓋，這些淤泥讓船體與外界隔絕，避免了被氧化破壞。

「南海Ⅰ號」船頭尖尖，長約 30 米，寬約 10 米，船身高 3 米多一點，比一層樓房還要高。在當時，這樣的規模算是非常龐大的了。「南海Ⅰ號」屬於中國古代三大船型之一的「福船」，船體中間寬兩頭窄，船底也是尖的，更加適合行駛於南海海域和進行遠洋航行。

　　中國有着悠久的造船歷史，唐代以後，
中國的造船和航海技術領先於世界。

　　到了宋代，中國造的船更是成了海洋上
的主角，先進的水密隔艙技術讓船隻更加安
全可靠。

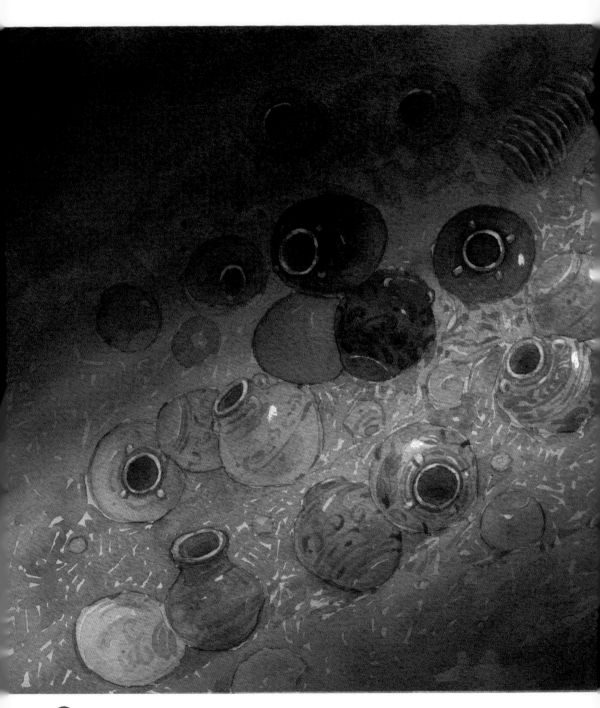

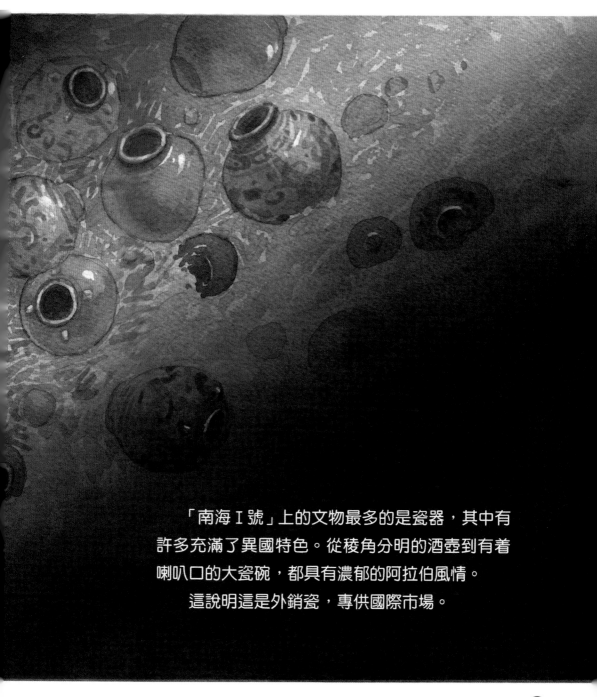

「南海Ⅰ號」上的文物最多的是瓷器，其中有
許多充滿了異國特色。從稜角分明的酒壺到有着
喇叭口的大瓷碗，都具有濃郁的阿拉伯風情。
這說明這是外銷瓷，專供國際市場。

　　商船以中國東南沿海的諸港口為始發點，開始去的是近一些的東南亞國家，隨着造船和航海技術的發展，最遠到達非洲東海岸。

「南海 I 號」沉沒的地點，就在海上絲綢之路的航線上。

「南海 I 號」沉沒的地方還發現了大量的銅錢，為甚麼帶上這麼多銅錢呢？

南宋時期國家富有強大，中國貨幣是海上絲綢之路的硬通貨。銅錢一路上可以通用，還能當成商品來賣。當然，也表明了船主的富裕——這是屬於古代中國的海洋時代。

　　既然叫「海上絲綢之路」，為甚麼「南海Ⅰ號」上裝載的主要是陶瓷呢？

　　中國最初出口的商品是絲綢，宋代是中國瓷器發展的第一個鼎盛時期，瓷器成了主要的出口商品，銷往全球五十多個國家，聞名世界。

　　因此，「海上絲綢之路」也叫「海上陶瓷之路」呢。

中國海洋夢

　　「南海 I 號」為何出發不久就沉沒了？是超載還是碰到
了風暴？船的主人是中國人還是外國人？要去的到底是哪
個國家……還有許多的謎團沒有解開。

　　它打開的是一條歷史的通道，就像一本沒有寫完的
書，還有許多的祕密等着人們去解開。

　　「南海 I 號」對研究中國造船史、陶瓷史、航海史、對
外文化交流史等具有重要的科學價值。

海上絲綢之路的發展

　　海上絲綢之路自東漢桓帝延熹九年（166 年）開通以後，至六朝[三國的吳、東晉，南朝的宋、齊、梁、陳，都以建康（吳名建業，今南京）為首都，歷史上合稱六朝]時代，絲綢之路取得了大幅度的發展。至唐、宋、元三代進一步興盛起來，迎來了全盛期。

　　古代海上絲綢之路的航線，首先是以揚州為中心的東北亞航線。唐商船從揚州出發到日本的不在少數，其路線有南北兩條。

　　南路是從揚州的新河（瓜洲運河）入長江，至常熟的黃泗浦出海，或從蘇州的松江口出海，橫渡東海到日本。

　　北路是從揚州循江北大運河到達淮河南岸的楚州（今淮安），從此出淮河口北上，沿山東半島到最東端的登州文登縣赤山莫邪口，直渡黃海到新羅的西熊州西界，再沿朝鮮半島南下前往日本。

澳門港的興起，標誌着昔日自東向西，由中國起航的古代海上絲綢之路已經衰落，代之而起的是由西方海上強國葡萄牙開闢的、逆方向的近代海上絲綢之路。於是形成了以澳門為中心的四大國際航線：

　　第一條是澳門 —— 暹羅（今泰國）—— 馬六甲（今馬來西亞馬六甲州首府）—— 果阿（今印度果阿）—— 里斯本（今葡萄牙首都）的亞歐航線。

　　第二條是澳門 —— 日本航線。這條航線實際上是歐洲 —— 澳門航線的延伸。

　　第三條是澳門 —— 馬尼拉（今菲律賓首都）—— 阿卡普科（今墨西哥南部太平洋沿岸港口）—— 祕魯等拉丁美洲國家的亞美航線。

　　第四條是澳門 —— 東南亞航線。

　　21 世紀海上絲綢之路重點方向是從中國沿海港口過南海到印度洋，延伸至歐洲；從中國沿海港口過南海到南太平洋。

中國海洋夢

寶船沉海

鍾林姣 ◎ 編著

朱士芳 ◎ 繪

出版 / 中華教育

香港北角英皇道 499 號北角工業大廈 1 樓 B 室

電話：(852) 2137 2338　傳真：(852) 2713 8202

電子郵件：info@chunghwabook.com.hk

網址：http://www.chunghwabook.com.hk

發行 / 香港聯合書刊物流有限公司

香港新界荃灣德士古道 220–248 號荃灣工業中心 16 樓

電話：(852) 2150 2100　傳真：(852) 2407 3062

電子郵件：info@suplogistics.com.hk

印刷 / 迦南印刷有限公司

香港新界葵涌大連排道 172–180 號金龍工業中心第三期 14 樓 H 室

版次 / 2022 年 1 月第 1 版第 1 次印刷

©2022 中華教育

規格 / 16 開（206mm x 170mm）

ISBN /　978–988–8760–59–6

責任編輯：梁潔瑩

裝幀設計：龐雅美

排版：龐雅美

印務：劉漢舉